LE
MÉTIER DES CHAMPS,

OPUSCULE GÉORGIQUE

DÉDIÉ AU

COMICE AGRICOLE DE TRÉVOUX,

Par J.-B.-Ant. CAILLON,

Maire de Châtillon-les-Dombes, Membre correspondant de la Société impériale d'Émulation de l'Ain.

BOURG,
IMPRIMERIE DE FRÉD. DUFOUR.
—
1857.

LE
MÉTIER DES CHAMPS,
OPUSCULE GÉORGIQUE.

LE
MÉTIER DES CHAMPS,

OPUSCULE GÉORGIQUE

DÉDIÉ AU

COMICE AGRICOLE DE TRÉVOUX,

Par J.-B.-Ant. CAILLON,

Maire de Châtillon-les-Dombes, Membre correspondant de la Société impériale d'Émulation de l'Ain.

Agricola incurvo terram dimovit aratro :
Hinc anni labor, hinc patriam, parvosque nepotes
Sustinet; hinc armenta boum, meritosque juvencos.
(VIRG. — *Georg.*, lib. II.)

BOURG,
IMPRIMERIE DE FRÉD. DUFOUR.
—
1857.

LE MÉTIER DES CHAMPS,

OPUSCULE GÉORGIQUE.

PRÉFACE.

A petit édifice un petit vestibule :
Une courte préface à ce court opuscule.

Bénévole lecteur, j'ai voulu par ces vers
Préparer quelques fleurs à mes derniers hivers.
Je n'ai pu les cueillir dans les jardins d'Armide :
Ils étaient interdits à ma muse timide,
Trop humble pour atteindre aux rameaux enchantés
Des arbres merveilleux que le Tasse a plantés.

Lors, j'ai dû les chercher au milieu des prairies,
Au travers des moissons que j'ai toujours chéries,
Mêlés aux blonds épis, les pavots, les bluets
Pour nous parler de Dieu ne restent point muets.

Un autre but encore appelait ma pensée ;
Puisse-t-elle de vous être récompensée,
Dombistes laboureurs, agriculteurs bressans !
J'ai voulu vous donner, au déclin de mes ans,
Un gage de mes vœux et de ma sympathie.

Ma passion pour vous ne s'est point ralentie
Depuis que j'ai quitté, pour revoir mes anciens,
Babylone où j'ai vu plus de maux que de biens,
Depuis que, de retour dans ma ville rurale,
J'ai mieux apprécié la tente pastorale.
J'aime l'homme des champs, pour retrouver en lui
Ce qui, je crois, ailleurs est plus rare aujourd'hui,
L'amour du sol natal et l'amour de ses proches.
L'entendons-nous au Ciel adresser des reproches
De la condition dans laquelle il est né,
De n'être point issu d'un père fortuné,
D'avoir à supporter le poids de la fatigue
Pour arracher ses dons à Cérès peu prodigue,
Qui veut que le colon ne passe point un jour
Sans mouiller de sueurs l'arène du labour ?

Et la femme des champs, ménagère économe,
Qui souvent s'associe à la peine de l'homme,
Qui, pour songer à tout, soi-même s'oubliant,
Au dedans, au dehors va se multipliant,
Trop de fois en secret je l'avais admirée
Pour ne point mettre au jour sa valeur ignorée,
Pour ne point la montrer, sous de simples dehors,
De beaucoup de vertus nous cachant les trésors.

Et pouvais-je oublier, dans ce léger poème,
L'enfant de la campagne? Il s'offrait de lui-même,
Ainsi qu'Achille enfant essayant de porter
Les armes de son père et voulant l'imiter.

Mon vœu sera rempli si ce naïf ouvrage
M'obtient du laboureur le précieux suffrage,
S'il se reconnaît bien dans ce petit miroir.
Je l'offre à son regard afin qu'il puisse y voir
Ce qu'il est et surtout ce qu'il lui convient d'être
Pour goûter sans dédain le vrai bonheur champêtre,
Bonheur que la fortune, avec ses biens menteurs,
Ne saurait procurer à ses adorateurs.

Noms chers à mon pays, Bodin, De la Ferrière,
Nivière, De Béost, Munet, De la Bévière,
Thiébaut, De la Rochette, amis de nos colons,
Souriez à mes vers, soyez mes Apollons.

LE MÉTIER DES CHAMPS.

L'HOMME DU LABOUR.

I.

Accours, muse des champs, mes plus douces délices,
Qui de nos laboureurs encourages les lices!
Ma verve paresseuse a senti l'aiguillon.
La plume est ma charrue et le vers mon sillon.
Préside à mon labour, viens jalonner mes lignes :
Du concours d'aujourd'hui je veux les rendre dignes.
Heureux si cet essai, pour leur plaire entrepris,
Obtient de mes jurés leur estime pour prix!

Oh! oui, si je pouvais, recommençant la vie,
Choisir une carrière au gré de mon envie,

Dans celle du labour je porterais mes pas ;
Toute autre, même d'or, ne me tenterait pas.
Sans doute, je le sais, il est au sein des villes
Des métiers et des arts, des fonctions civiles
Qui donnent de l'argent, qui donnent de l'honneur ;
Seul le métier des champs donne un parfait bonheur.

Ma voix vous interroge, agriculteurs modestes
(Je puis, sans me tromper, interpréter vos gestes) :
Qui de vous n'est content de son humble destin ?
Qui de vous, au sortir de ce simple festin,
Voudrait, contre un palais échangeant sa demeure,
Y faire son séjour même une moitié d'heure ?
Ce luxe, cet éclat pourront bien éblouir
Un instant ses regards, mais non les réjouir.
Quelle gêne au milieu de mille objets futiles !
Sait-il à quel usage ils peuvent être utiles ?
Osera-t-il poser un pied mal assuré
Sur le tapis moelleux, sur le parquet ciré ?
Dans un fauteuil mouvant son corps en équilibre
D'un instant de repos sera-t-il jamais libre ?
Et pour sortir d'un lieu qui lui semble fatal,
Trouvera-t-il enfin la porte de cristal ?
Comme il revient joyeux à son cher domicile,
Où tout est pour sa main d'un usage facile,
Où son pied peut fouler sans crainte le plancher,
Et le poids de son corps le lit de son coucher !
On ne voit point chez lui de cheminée en marbre ;
Mais il peut dans la sienne aisément mettre un arbre.

Ici, point de rideaux qui défendent au jour
D'égayer de ses feux les murs de son séjour ;
Là, point de Gobelins, d'Aubusson, point de Sèvres ;
Jamais cristal taillé n'approcha de ses lèvres :
Mais là tout est commode, et le seul luxe admis
Est une nappe blanche offerte à des amis.

Plaignons sincèrement l'homme de la campagne
Qui soudain, bâtissant des châteaux en Espagne,
Renonce à sa charrue et va dans la cité
Faire un douteux essai de sa capacité.
Vendant, sans écouter sa femme qu'il irrite,
Le champ qui le nourrit et le toit qui l'abrite,
Sur la mer du négoce où sombrent submergés
Les vaisseaux les plus forts et les mieux dirigés,
Sans guide, sans boussole, inhabile pilote,
Il lance son esquif que le moindre air ballotte,
Et qui, tout orgueilleux d'échapper à l'autan,
Deviendra tôt ou tard le butin d'un forban.
Dépouillé sans pitié, laissé nu sur la plage,
Il cherche en vain des yeux quelqu'un qui le soulage ;
Personne autour de lui qui lui tende la main....
Plus personne.... il mourra de misère ou de faim.
Encor s'il mourait seul !!! mais sa pauvre famille !
Mais sa femme, inhabile aux travaux de l'aiguille,
Qui ne pourra gagner un morceau de pain bis
Pour nourrir ses enfants sur son sein assoupis !

Félicitons de cœur l'homme dont l'opulence,
S'arrachant aux loisirs d'une oisive indolence,
Prend la bure rustique et va chercher aux champs
L'activité qui sied à d'utiles penchants.
Il ne conduira point lui-même la charrue ;
Mais au sein des travaux sa présence accourue
Saura les amener au but qu'il s'est posé,
Ramener à la vie un bon sol épuisé.
Prodigue de son or avec sage mesure,
Il change en métairie une indigne masure ;
Sur le dos de la plaine, aux pentes des vallons,
Il assied une grange, il place des colons,
Livre à leurs bras nerveux les terres délaissées
Qui partout, à ses frais, fortement engraissées,
Au profit du prêteur avec gros intérêt,
Feront plus que doubler le capital du prêt.
Un autre soin encor l'occupera sans cesse :
Si de sa colonie il exclut la paresse,
Il veut que le travail, y plaçant son foyer,
Trouve là le bonheur pour prix de son loyer.

Un pauvre chambrier n'avait qu'un toit de chaume ;
Un arpent de terrain formait tout son royaume ;
Il n'avait, pour aider au travail de sa main,
Qu'une vache nourrie aux dépens du chemin.
Sa friche toutefois, activement soignée,
N'étant point par bonheur de la ville éloignée,
Chaque matin sa femme y portait des produits,
Du lait, quelques œufs frais, du laitage, des fruits ;

En sorte que, grossi de semaine en semaine,
Le pécule permit d'ajouter au domaine
Un pâquis communal qui, longtemps négligé,
Lui fut pour un prix vil aisément adjugé.
Aidé de ses enfants qui prennent de la force,
De ce terrain inculte il déchire l'écorce,
Livre au feu la broussaille, en dissémine au vol
La cendre dont les sels activeront le sol,
Répand à pas comptés, sur ce champ qu'il déverse,
Quelques boisseaux d'avoine, enfouis sous la herse,
Qui, plus que décuplés sous un regard de Dieu,
D'une moisson d'écus étonneront ce lieu.

De ce trésor du ciel que va faire notre homme?
Il est industrieux, travailleur, économe;
Ira-t-il, fréquentant les foires d'alentour,
Changer en maquignon l'artisan du labour?
Passer au cabaret douze mois de l'année?
Et dépensant le soir le gain de la journée,
Se poser l'avocat de paresseux fermiers
Qui ruinent et leur maître et soi les tout premiers?
Dieu l'inspirant toujours, comme il sera plus sage!
Comme il va de ses dons faire un meilleur usage!
Il donnera l'exemple au colon riverain!
Il a jeté son plan, calculé son terrain:
Son champ vers le couchant légèrement incline;
Il utilisera le bas de sa colline;
Sur du gazon semé, par de petits ruisseaux,
Des sillons engraissés il conduira les eaux;

Ii ne laissera point d'inutiles jachères ;
Le trèfle, le sainfoin, les plantes fourragères,
Le colza, le maïs, l'orge, le sarrazin,
Le seigle, le froment, la grappe de raisin,
Chacun au temps marqué, don de la Providence,
Ornera son enclos de sa magnificence.
Le travail est puissant : notre homme l'a compris ;
De son intelligence il recueille le prix.
Génisses et taureaux peuplent ses écuries,
Mérinos et métis peuplent ses bergeries ;
Aujourd'hui sa chaumière est un palais des champs,
Dont le père est le roi, les princes, ses enfants.

Quarante ans de travaux ont produit ce miracle ;
Aussi pour l'étranger quel ravissant spectacle !
C'est là que le bonheur habite en liberté,
Sans faste, sans éclat, mais non sans dignité.
Venez et contemplez ce bon chef de famille ;
Oh ! comme sur son front la sérénité brille !
Laboureur émérite, il ne laboure plus ;
Mais ses soins pour cela ne sont point superflus.
C'est encor lui qui veille aux travaux, qui commande,
Qui règle la journée, encourage, gourmande :
Semblable au général qui, vieilli dans les camps,
Du milieu de sa tente édicte encor ses plans.

Quand le soir réunit la famille nombreuse,
De l'entourer d'égards elle se montre heureuse.

Groupée à ses côtés, chacun rend à son tour
Compte de son devoir et du travail du jour.
Lui préside au repas, frugal mais salutaire,
Que la vieille Baucis sert sur des plats de terre,
Et les mets achevés il récite à genoux
La prière du soir, puis il les bénit tous.
Chaste et sainte maison d'où les pieux exemples
Propagent les vertus qu'on enseigne en nos temples,
D'où les bons serviteurs ne sortiront jamais
Que pour être à leur tour tous des maîtres parfaits !

Ils sont bien loin de nous ces temps où l'esclavage
Traitait le paysan comme un être sauvage,
Le mettait et ses fils au nombre du bétail
Qu'on achète et qu'on vend pour le plus vil travail.
Trop heureux quand parfois un maître débonnaire,
Devenu possesseur du troupeau mercenaire,
Lui laissait par semaine un seul jour de répit
Pour réparer son corps qu'eût tué le dépit !
Mais si, plus dur vingt fois que le maître lui-même,
C'est l'intendant qui tient l'autorité suprême,
Malheur alors vingt fois ! malheur au pauvre serf !
Pour une négligence il mourra sous le nerf ;
Ou s'il ne subit point cet ignoble supplice,
Si sa femme s'accuse et se dit son complice,
Sur de la paille infecte et dans un cachot noir,
Ils n'auront de salut que dans leur désespoir.

Enfin au moment même où sa peine s'aggrave,
La morale du Christ émancipe l'esclave ;
Le maître ne voit plus en lui qu'un serviteur
Dont il aime à payer le travail producteur.
Un temps devait venir où l'homme qui laboure,
Qui met à son travail force, adresse et bravoure,
Labourerait son champ pour sa femme et pour lui :
Ces jours-là sont venus ; ce sont ceux d'aujourd'hui.
Le colon qui n'a point encore un coin de terre
Qu'il puisse labourer comme propriétaire,
De l'échelle agricole a pour lui les degrés.
Qu'il monte hardiment ! ses pas sont assurés.
Petit granger d'abord, gros fermier par la suite,
Voilà par quels moyens, s'il a de la conduite,
L'homme des champs arrive à posséder enfin
Un toit où dans la paix s'achève son destin.

Chaque art a son école et son académie ;
La culture des champs a son agronomie
Qui formule ses lois et livre les secrets
Qu'elle arrache à l'étude et consacre aux progrès.
La science médite, observe, expérimente,
Ne se rebute point, perfectionne, invente ;
Le bon vouloir écoute, exécute, et plus tard
La routine s'enfuit pour faire place à l'art.
C'est ainsi que des champs, improducteurs naguères,
Qu'on eût dit désolés par le fléau des guerres,
Transformés tout à coup en sol luxuriant,
Présentent aux regards l'aspect le plus riant.

Où vingt épis de seigle apparaissaient à peine,
Mille épis de froment se pressent dans la plaine;
Où tristement paissaient quelques rares brebis,
Une riche verdure étend son vert tapis.
Six lustres ont produit cette métamorphose.
Aux merveilles de l'art reportons-en la cause,
Et surtout à celui dont les sages avis
Nous ont rendu bien cher le beau nom de Puvis (*).

Puvis, de la culture inaugurant l'école,
A propagé chez nous la science agricole,
Forcé l'homme des champs de reconnaître en lui
Son bienfaiteur réel, son guide, son appui.
Il a montré comment le fer d'un soc agile
Peut, avec moins d'efforts, triompher de l'argile;

(*) M. Puvis (Marc-Antoine), d'abord élève de l'Ecole polytech-
nique et officier d'artillerie, s'est ensuite voué à l'agriculture.
Plein des écrits des Anglais touchant l'effet des amendements
calcaires sur les sols argilo-siliceux, il popularisa l'emploi de ces
amendements dans la Bresse et la Dombes; ses écrits sur la
marne et la chaux ont fait époque dans l'amélioration de notre
agriculture et lui ont valu, avec ses autres travaux, le titre de
membre correspondant de l'Académie des sciences, outre celui
de président de la Société d'agriculture de l'Ain durant vingt ans.
Il a été en outre député et membre du Conseil général de l'Ain.
Nous ne pourrions point énumérer ici tous les travaux de cet
agronome distingué : introduction des meilleures méthodes d'as-
solement, des charrues les plus puissantes et des instruments
perfectionnés — culture généralisée des prairies artificielles ;
— étude et application des meilleurs systèmes d'irrigation ; —
encouragement aux divers essais, outre ceux qu'il tentait lui-

Comment, surexcités par la marne et la chaux,
Les terrains les plus froids deviennent les plus chauds ;
Comment, par d'heureux soins, par d'utiles saignées,
Nos plaines, trop souvent d'eaux impures baignées,
Se peuvent assainir, prennent de la vigueur,
Et d'un ciel inclément corrigent la rigueur.
Il a montré comment la main de l'industrie
Supplée artistement au défaut de prairie,
Augmente le troupeau qui, nourri sous le toit,
Lui paie en riche engrais l'aliment qu'il reçoit.
D'une douce morale égayant sa doctrine,
A nos agriculteurs, d'humeur parfois chagrine,
Il a montré comment l'ordre et l'activité
Les conduiront toujours à la prospérité.

même avant d'en recommander l'imitation ; — conseils prodigués avec cette chaude persuasion qui sait se faire entendre ; — exemples donnés sur une grande échelle ; — ouvriers habiles amenés de loin et chèrement, afin de tracer la voie, de parler aux yeux et de convaincre par le succès. — Tous ces travaux étaient sa vie habituelle, ses jouissances de tous les jours, et se liaient naturellement à ses études scientifiques qui ont embrassé presque toutes les questions intéressant cette contrée ou l'agronomie en général. Le régime et la législation des eaux et des étangs, des Observations sur un projet de code rural, un Traité des amendements, un autre sur la physiologie végétale et l'arboriculture fruitière, ne sont qu'une partie de ses publications qui dépassent le nombre de 80. — M. Puvis est mort le 29 juillet 1851 à Paris, en revenant de l'exposition universelle de Londres, où l'avait conduit, malgré son âge avancé (75 ans), son zèle ardent pour les progrès de l'agriculture et de la science. Ses restes mortels furent ramenés à Bourg où ils reposent dans le pays qu'ont fait progresser ses exemples et son activité.

Puisse ce faible hommage à ses mânes sourire !
Pour célébrer son Dieu, Palès n'a point de lyre,

Mais Puvis a laissé pour guides après lui
De dignes successeurs, nos maîtres aujourd'hui.
Explorateurs hardis d'une mine féconde,
Ils ne l'ont point cherchée aux limites du monde,
C'est ici qu'ils l'ont vue. A l'avide colon,
Ils ont des épis d'or indiqué le filon.
Hommes persévérants, ils ont, par leur génie,
Fait de notre contrée une Californie
Où le vrai chercheur d'or, patient laboureur,
Bénit en le trouvant le nom de l'Empereur.

L'Empereur ! c'est le nom que d'une voix fervente
La campagne invoquait aux jours de l'épouvante,
Alors que l'horizon se chargeait de vapeurs,
D'un désastre effroyable indices non trompeurs.
Déjà grondait la foudre.... encore quelques heures,
Tout périssait.... moissons, troupeaux, hommes, demeu-
Dieu ne l'a point voulu.... le ciel s'est épuré ; |res !
Dans nos champs désormais le calme est assuré.
Le travail ne craint plus que la paresse ignoble
Lui moissonne ses blés, vendange son vignoble,
Le chasse du foyer qu'il tient de ses aïeux,
Ou qu'il doit aux sueurs d'un front industrieux.
Aussi, point de chaumière où pour lui l'on ne prie,
Où ne frappe les yeux son image chérie ;

Point d'écho dont la voix, aux fêtes de nos champs,
Ne répète son nom, en répétant nos chants!

Assez, muse, merci, ma verve secourue
A pu jusques au bout amener sa charrue.
Mais les sillons tracés sont-ils droits et profonds?
Je voudrais l'espérer : muse des champs, réponds.

(Lu le 4 septembre 1855 à la réunion
du Comice agricole à Thoissey.)

LE MÉTIER DES CHAMPS.

LA MÉNAGÈRE DES CHAMPS.

II.

Ménagère des champs, femme utile et modeste,
Qui caches tes vertus sous une écorce agreste,
Je viens en révéler le mérite et le prix,
Et les faire accepter aux plus tièdes esprits.
Tes qualités n'ont point le brillanté des villes;
Pour être sans éclat, en sont-elles plus viles?
C'est le diamant brut dont la juste valeur
Ne peut s'apprécier à défaut de couleur.

Tes mains ne tiennent point seulement la quenouille;
Ton front le plus souvent d'âcres sueurs se mouille.

Qu'un vent impétueux de ses noirs tourbillons
Menace le trésor des prés ou des sillons,
Tu concours à sauver les richesses nouvelles :
Tu rejoins les *andains*, tu lèves les javelles ;
Ton râteau diligent ramène autour des chars
Ou l'herbe vagabonde ou les épis épars ;
Tu vas, tu viens, tu cours ; justement alarmée,
Tu stimules l'ardeur, et de la fourche armée,
Lorsque le moment presse, on te voit au besoin
Tendre la gerbe lourde ou la masse de foin.
Qu'au jour le plus brûlant, à l'heure la plus rude,
Un batteur, sur le sol tombé de lassitude,
Laisse là le fléau, tu le reprends en main,
Et des cosses du blé tu fais jaillir le grain.
Ton second, admirant lui-même ta prestesse,
De tes coups cadencés reconnaît la justesse ;
Le bras du forgeron n'est pas plus régulier
Quand il bat sur l'enclume et qu'il dompte l'acier.

Ce n'est point tout encore, et plus d'une journée
Est pénible pour toi dans le cours de l'année :
Dès que le doux printemps vient de son souffle ami
Réveiller le terrain qui s'était endormi,
Donner à chaque grain cette force inconnue
Qui fait de chaque gerbe une tige menue,
Tu vas, le dos courbé, dans les champs de Cérès,
De l'herbe parasite expurger les guérets,
Surcharger d'un fardeau, pour une longue route,
Ta tête que le poids affaisserait sans doute,

Si tu n'avais l'espoir, qu'aisément je conçois,
De faire ruisseler plus de lait sous tes doigts;
Et lorsque le terrain, après des jours de pluie,
Sous les feux du soleil s'affermit et s'essuie,
Ne promènes-tu pas, du grand matin au soir,
Dans les champs emblavés la lame du sarcloir?
C'est vaincu par ton fer qu'un sol qui se révolte
Est contraint de donner encore une récolte.
Le colza, la navette embaument ton voisin;
Le chanvre, le maïs, le blé du sarrazin
Epaississent leurs rangs; la plante dont tu cueilles
Pour nourrir ton bétail la racine et les feuilles,
La truffe Parmentière, aliment savoureux,
Ne doivent leur succès qu'à ton bras vigoureux.

Voilà, femme des champs, une part de la tâche
Qu'il n'est donné qu'à toi de remplir sans relâche.
Et lorsque ta présence est moins utile ailleurs,
N'es-tu pas en automne au rang des travailleurs,
Aiguillonnant les bœufs, écrasant de la herse
La glèbe des sillons que le semeur traverse,
Epanchant, du sommet du tombereau pesant,
L'énergique compost, l'engrais fertilisant?
Le ciel est incertain, il faut que tu travailles,
Si tu veux qu'en leur temps s'achèvent vos semailles.
Ainsi donc et toujours, et selon la saison,
Quelque rude labeur t'arrache à la maison.

Dépouillons un instant de ce mâle apanage
La femme de campagne ; entrons en son ménage :
Prenons une fermière à l'âge de trente ans,
Ayant à son mari donné quelques enfants.
La ferme est importante ; un nombreux domestique
En compose avec eux le personnel rustique.
Ils sont riches d'abord de jeunesse et d'écus ;
Avec l'argent surtout que d'obstacles vaincus !
S'ils marchent de conserve et chacun sur sa ligne,
Ils arrivent au but que tout fermier s'assigne.
L'homme sait son métier ; sa compagne dès-lors
N'a point à s'occuper des soucis du dehors,
A moins que, retenu par quelque maladie,
Le mari n'ait la tête ou la main engourdie.
C'est en vain toutefois qu'expert agriculteur,
Il croit de l'art des champs atteindre la hauteur,
En avoir pénétré les plus secrets mystères,
Qu'il a drainé ses prés, qu'il a chaulé ses terres,
Qu'une forte Dombasle a de sa dent de fer
Semblé vouloir ouvrir la voûte de l'enfer,
Pour amener au jour une argile profonde
Qui va se réjouir de devenir féconde ;
C'est en vain qu'il sait vendre, écouler ses produits,
Profiter de la hausse et d'heureux cas fortuits,
Si la femme en tout temps, d'elle-même ennemie,
N'apporte en la maison l'ordre et l'économie,
Il n'achèvera point le cercle de son bail
Sans que plus d'un huissier assiége son portail.

Quand la voix du clocher, éveillant le village,
Appelle dans les champs les hommes à l'ouvrage,
Notre jeune fermière, éloignant le sommeil,
Consacre à Dieu d'abord l'instant de son réveil ;
Puis, les genoux fléchis, s'appuyant sur sa couche,
Elle invoque Marie et de cœur et de bouche,
Marie, à qui déjà cette mère doit tant,
Et commet le berceau de son dernier enfant.
Il vient d'ouvrir les yeux ; son bégaîment l'appelle ;
Il tend en souriant ses petits bras vers elle :
La mère avec bonheur l'approche de son sein,
Et l'enfant se rendort bercé sur son coussin.

Ce devoir satisfait, pour elle alors commence
Une journée active et qu'on peut dire immense.
L'ordre et la propreté réclament tous ses soins ;
Elle visitera jusques aux moindres coins,
Exercera surtout un sévère contrôle,
Et sans abandonner jamais le premier rôle,
Parlant avec douceur, mais avec fermeté
La langue de l'exemple et de l'autorité :
« Allons, debout, enfants ! Nos cœurs à Dieu, dit-elle ;
» Qu'il étende sur nous sa droite paternelle !
» Voici l'aube venue, un moment d'entretien :
» Commençons bien le jour, nous le finirons bien.
» — Déjà nos laboureurs sont partis pour la plaine ;
» Il faut qu'à leur retour notre tâche soit pleine.
» — Tout notre peuple ailé descend de son juchoir :
» Jetez cette criblure au sortir du perchoir.

» — Envoyez au marais le bataillon des oies.
» — Des porcs et du verrat vous laverez les soies.
» — Donnez de l'herbe tendre, un peu de serpolet
» A la chèvre captive, à nos vaches à lait.
» — La cavale hennit, demande du fourrage ;
» Pansez-la doucement, elle et son entourage.
» — Menez le grand troupeau dans les champs dépouillés,
» Dès que de la rosée ils seront moins mouillés.
» — Que les bœufs au retour trouvent litière fraîche ;
» Assainissez l'étable et nettoyez la crèche.
» — Rejoignez les engrais dispersés dans les cours.
» — Du purin qui se perd utilisez le cours.
» — Voyez si chaque chose est bien mise à sa place.
» — Je veux que les outils brillent comme une glace.
» — De ce qui sera fait l'on me rendra raison ;
» Je réserve pour moi le soin de la maison. »

Elle dit ; aussitôt on s'éloigne, on s'empresse
D'aller exécuter le vœu de la maîtresse,
Et l'on revient joyeux, après ces courts travaux,
Demander autre ouvrage et des ordres nouveaux.
Ces ordres sont tout prêts ainsi que ceux du maître
Qui, de retour des champs, les fait aussi connaître.
C'est l'heure du repas : les mets ont du succès,
Bien que pour les servir le *Cuisinier français*
Ne soit point consulté par notre ménagère.
On ne saurait trouver meilleure boulangère.
Le beurre est son ouvrage, et ses mains ont pressé
Le fromage onctueux sur la table dressé.

Si nous pouvions entrer dans la chambre laitière,
Notre admiration serait là tout entière.
Partout la symétrie : on voit sur les rayons
Briller de propreté les jarres, les clayons ;
Ici, le lait du jour ; là, celui de la veille ;
Dans un angle du mur, la baratte sommeille ;
Boudoir plein de fraîcheur, sombre sans être obscur,
Où rien ne blesse l'œil, où rien n'entre d'impur !

Le dimanche est venu couronner la semaine :
Tout jouit du repos que le jour saint ramène.
La fermière n'est point libre de tout travail ;
Il est pour elle encor bien des soins de détail.
Pourtant à ses enfants elle a fait la promesse
De les conduire tous bien parés à la messe.
Elle tiendra parole ; elle-même mettra
La robe qu'à sa noce un chacun admira,
Sa robe villageoise. En vain sa mise tranche,
C'est, ce sera longtemps sa robe du dimanche.
Son chapeau, frais encor, dérobera ses traits
Aux ardeurs du soleil, aux regards indiscrets ;
Elle ne fera point, fol excès de parure,
Ruisseler sur son sein un fleuve de dorure :
Ses bijoux les plus chers, ce sont les beaux enfants
Qu'elle tient par les mains, heureux et triomphants.
Ainsi montrait jadis aux dames d'Italie
Ses plus beaux ornements la sage Cornélie.

Il est dans chaque ferme un précieux produit
Qui de la femme seule est l'honneur et le fruit.
Nous avons déjà vu comment son intendance
Fournit de vivres sains une grande abondance ;
Le point voulu pourtant ne serait point atteint
Si dans ce cercle étroit son art était restreint.
La basse-cour pour elle est une large source :
Elle y puise toujours, emplit, emplit sa bourse ;
Et quand le terme arrive assigné pour payer,
Le fermier trouve là le prix de son loyer.

Qu'elle est joyeuse et fière au bout de la semaine,
Alors qu'elle revient de la ville au domaine,
Rapportant du marché la main lourde d'argent !
Pour le marché prochain succès encourageant !
Comme elle va bien plus, la semaine suivante,
Préparer, s'il se peut, de produits pour la vente !
Dieu veuille seulement lui laisser la santé,
Son esprit du travail n'est point épouvanté.

A ces tableaux trouvés sur toutes les palettes,
Ajoutons pour finir deux scènes plus secrètes.
Que les toiles en soient peintes par un Teniers,
Le riche les paîra de ses plus beaux deniers.

Un laboureur aisé laisse en mourant deux filles
Que plus tard comme brus acceptent deux familles.

L'aînée a pour époux un simple paysan,
Conserve son costume et le chapeau bressan.
Elle est ce que doit être une femme de ferme.
Tous deux, droit leur chemin, marchent d'un pas si ferme
Qu'on les voit de grande heure arriver à bon port,
Joyeux de leur bien-être et contents de leur sort.
La plus jeune, épousant un monsieur de la ville,
Trouve pour ses salons sa toilette trop vile.
Il lui faut des chapeaux qui viennent de Paris,
Un cachemire indien, des étoffes de prix.
Le beau mari, qui joue à la hausse, à la baisse,
Gagne de l'or, de l'or.... puis Plutus le délaisse....,
Puis la misère vient.... et puis le désespoir....
Et l'on apprend enfin !!! Hâtons-nous de revoir
La ferme fortunée où notre pauvre veuve,
Avec ses deux enfants, après des jours d'épreuve,
Trouve auprès de sa sœur et de son digne époux
La plus pure tendresse et les soins les plus doux.
Les neveux sont deux fils de plus dans la famille ;
Ils sont jeunes encor, l'intelligence brille ;
La mère redevient ce qu'elle était jadis,
Et la ferme est pour tous un petit paradis.

J'ai vu dans une grange, il est quelques années,
Deux vieillards achevant leurs longues destinées,
Assis près du foyer, n'en pouvant plus sortir,
Tant l'âge était sur eux venu s'appesantir !
C'étaient du métayer et le père et la mère,
Par d'injustes malheurs réduits à la misère.

Là, de pieux égards ils étaient entourés :
Les pénates anciens étaient moins vénérés.
Et qui donnait ces soins? la jeune belle-fille,
A la fois bonne épouse et mère de famille,
Valant par ses vertus ce que vaut un trésor.
La grange a prospéré.... Dieu la bénit encor !

Puisse ce faible écrit de ma muse agricole
A la femme des champs servir de douce école!
J'ai voulu relever son mérite à ses yeux
Et la louer du bien pour l'engager au mieux.
Qu'elle reste fidèle aux leçons de sa mère!
Elle pourra trouver quelque journée amère;
Mais combien de beaux jours pour un jour peu serein !
On ne trouve qu'aux champs le bonheur souverain.
Pour en laisser goûter plus aisément les charmes,
Partout la paix a fait cesser le bruit des armes,
Et le Ciel, en donnant un fils à l'Empereur,
A voulu rendre aussi le sien au laboureur.

(Lu le 5 juin 1856 à la réunion du Comice
agricole à St-Trivier-sur-Moignans.)

LE MÉTIER DES CHAMPS.

L'ENFANT DE LA CAMPAGNE.

III.

J'ai dit le laboureur, sa modeste compagne ;
Aujourd'hui je dirai l'enfant de la campagne,
Cet espoir de la ferme et qui doit être un jour
L'héritier, le soutien de l'homme du labour,
Sujet intéressant et qui n'est point sans charmes
Pour celui dont la voix n'est point pleine de larmes.

O mon bon Théodat (*), permets à ton aïeul
De voiler un instant le crêpe de ton deuil !

(*) Riboud (Théodat), docteur-médecin de la Faculté de Paris,
décédé à Châtillon le 17 janvier 1857, âgé de 34 ans.
Multis ille bonis flebilis occidit,
Nulli flebilior quàm mihi. — (*Horace.*)

Si tu vivais encor, cette ébauche obligée,
Grâce à ton goût si pur, serait moins négligée.
Lorsque ta voix si douce approuvait mes essais,
J'osais les hasarder, et je réussissais.
Cependant il me semble apercevoir ton ombre
Me sourire au travers de l'atmosphère sombre;
Le calme de nos champs plaisait tant à ton cœur!
Méditer sous un chêne était ton vrai bonheur,
Lorsque tu revenais de porter sous le chaume
Au mal son prompt remède, à la douleur son baume,
Aussi nos laboureurs sont-ils venus nombreux
Se joindre à tes amis pour pleurer avec eux,
Quand de nos ouvriers les files désolées
Ont conduit ta dépouille au champ des mausolées.
Le tien est dans les cœurs, et c'est là le plus beau.
Les pleurs des gens de bien valent plus qu'un tombeau!

Plus de l'agriculteur la famille est nombreuse,
Plus sa condition, sans conteste, est heureuse.
C'est parfois à la ville un fardeau des plus lourds;
Aux champs, c'est une force, un utile secours.
Pénétrez avec moi dans cette métairie
Dont l'aspect nous sourit par sa coquetterie.
C'était, il vous souvient, des toits groupés sans goût,
Que des appuis forçaient à se tenir debout.
Nul pied sec n'abordait; un affreux méphitisme
En défendait l'entrée au plus hardi tourisme.
Aujourd'hui tout invite à venir visiter
Ces lieux qu'un Dieu champêtre est tenté d'habiter.

De rares avortons, pieds nus, visage pâle,
Y pétrissaient la fange, ou râlaient sous le hâle ;
Aujourd'hui les enfants y fourmillent nombreux,
Tous brillants de santé, lestes et vigoureux.
Aux heures du repos, la cour est une arène
Où chacun d'eux s'exerce et prélude à la peine.

Suivez-moi, c'est ouvert. J'aperçois un berceau ;
La mère le permet, découvrons-en l'arceau :
Oh ! le joli garçon ! comme il paraît robuste !
C'est elle qui l'allaite ; un aussi bel arbuste
Ne peut que devenir un arbre grand et fort,
Qui des vents ennemis saura braver l'effort.
Combien dans nos cités, sur des seins mercenaires,
D'enfants, nés bien portants, qui, valétudinaires,
Meurent étiolés, comme sur l'églantier
Se dessèche souvent le bouton du rosier !

Voyez de ce côté sur le seuil de la grange
Ce bambin de deux ans : c'est bien un petit ange !
Sur lui veille sa sœur qui n'a qu'un an de plus.
Où pourrait-on trouver des enfants plus joufflus,
Visage plus vermeil et mine plus joyeuse ?
Leur chevelure blonde est bouclée et soyeuse.
Ils savourent tous deux un gros morceau de pain
Qui, sans être bien blanc, n'en est pas moins bien sain.
Ils n'ont point de tapis, ils se roulent sur l'herbe ;
De menus brins de paille ils ont fait une gerbe ;

Leur caprice enfantin fait et refait vingt fois
Des sillons tortueux qu'ils voudraient rendre droits.
Tels sont les premiers jeux de l'enfance à la ferme ;
Du métier du labour c'est là le premier germe.

Mais voici les troupeaux qui reviennent des champs ;
De leurs petits gardiens je distingue les chants :
Ce ne sont point les chants des bergers de Virgile.
Enfants de bon vouloir, aidés d'un chien agile,
Ils chassent devant eux le peuple du bercail
Que la mère atténdait sous l'abri du portail.
Chaussés du blanc bouleau, le bissac sur l'épaule,
En guise de houlette ils agitent leur gaule.
Fiers du commandement qu'ils viennent d'exercer,
Et dès l'aube du jour prêts à recommencer,
Ils comprennent déjà le prix de leurs services.
Pour les obtenir d'eux point de ces durs sévices,
Point de ces mots grossiers qui, manquant leur effet,
Abrutissent l'enfant qu'on veut rendre parfait.

J'entends aussi la voix des aînés de la ferme ;
Le soir à leurs travaux vient de mettre le terme :
L'un ramène les bœufs de peine harassés,
De leur joug il les a bientôt débarrassés ;
Il les panse avec soin et ne quitte l'étable
Que quand il les a vus satisfaits de leur table ; —
L'autre, heureux des sillons essayés aujourd'hui,
Ramène les taureaux, apprentis comme lui.

Les sœurs, de la faucille et du sarcloir armées,
Rapportent sur leurs fronts les herbes parfumées ;
La mère leur sourit : ce bienveillant accueil
Récompense leur zèle et flatte leur orgueil.

L'enfance est, on le sait, comme la cire molle ;
Elle retient longtemps l'empreinte de l'école.
Aussi gardez-vous bien, braves cultivateurs,
De faire de vos fils de ces demi-docteurs
Qui, pour avoir appris quelques mots de grammaire,
Mépriseront bientôt et leur père et leur mère,
Rougiront de leur nom, et seront tout honteux
S'il leur faut en public paraître à côté d'eux.
Ils se croient des phénix ; ce ne sont que des pies
Qui, n'ayant retenu souvent que mots impies,
Se servent d'un jargon qu'ils ne comprennent pas,
Disent haut ce que même on ne peut dire bas.
Tel n'est qu'un méchant nain qui se dit un Hercule.
Encore s'ils n'avaient que ce sot ridicule,
On leur pardonnerait cette présomption
Punie ou tôt ou tard d'une déception,
Pourvu que toutefois, corrigés de ce vice,
Ils retournent aux champs reprendre leur service :
Mais les plis sont trop pris ; la campagne n'a plus
De prestige pour eux. Vos pleurs sont superflus,
O mères, qui versez des rivières de larmes !
Pour vos enfants ingrats la ville a trop de charmes ;
Ils n'en sortiront plus que couverts de haillons ;
Ou peut-être iront-ils grossir les bataillons

De ces gens sans aveu qui n'ont ni feu, ni gîte,
Elément turbulent qu'un moindre souffle agite,
Tout prêt à déborder, et dans les mauvais jours
Se ruant par torrents du sein des carrefours.

Loin de moi la pensée, hérésie agricole,
De priver vos enfants des bienfaits de l'école.
L'école pour l'enfance a ses nécessités ;
Vous n'auriez point le temps ni les capacités
De verser, dans cette âme encore fraîche et tendre,
Les leçons que d'un maître elle est en droit d'attendre.
La morale d'abord : *Connaître, adorer Dieu,*
Et le savoir présent à toute heure, en tout lieu ;
Aimer bien son prochain, l'aimer comme soi-même ;
Honorer ses parents et le pouvoir suprême ;
Respecter le vieillard ; aider aux malheureux ;
Hanter les gens de bien, fuir les gens dangereux ;
Trouver dans le travail le bonheur et la joie ;
Se contenter du sort que le Ciel nous envoie ;
Acquérir en un mot toutes les qualités
Qui font des laboureurs des hommes respectés.
S'il joint à ses leçons la force de l'exemple,
Il aura sur vos fils l'ascendant le plus ample ;
L'effet répondra mieux à ce qu'il aura dit.

L'instituteur rural, bien qu'il soit érudit,
Ne doit point élargir son cercle théorique.
Quels fruits peuvent donner les fleurs de rhétorique

A qui doit cultiver le seigle et le froment ?
Le code du labour, voilà son rudiment.
Qu'il sache, j'y consens, quelque peu d'arpentage,
Pour défendre plus tard son modeste héritage ;
Qu'il sache dessiner un modèle d'outil,
Cela lui vaudra plus que le cours d'Anquetil.

Un maître cependant, loin que je le dénie,
Peut trouver dans sa classe un enfant de génie ;
Cet enfant-là n'est point appelé pour les champs ;
Une autre destinée est due à ses penchants.
Il convient de donner à cette plante heureuse
Une culture alors qui soit plus généreuse,
Afin que, transplantée, elle produise ailleurs,
Quand ils devront mûrir, des fruits qui soient meilleurs.
Ainsi Vincent de Paul, enfant de la campagne,
Petit berger d'abord aux portes de l'Espagne,
Dut faire pressentir ce qu'un jour il serait ;
Et si son premier maître eût gardé le secret,
Vincent, le saint pasteur, n'eût été qu'un bon pâtre ;
Ses vertus n'eussent eu qu'un vallon pour théâtre ;
Mais Dieu, qui dans les champs prend aussi ses élus,
Voulait que la misère eût un patron de plus.

Et toi, femme des champs, modeste ménagère,
Ne fais point de ta fille une femme étrangère ;
Ne l'élève jamais au-dessus de ton rang ;
Qu'elle hérite de toi tes vertus et ton sang.

Toujours à tes côtés et ta meilleure amie,
Qu'elle apprenne de toi l'ordre et l'économie.
Belle de la beauté que lui donna le Ciel,
Sa parure n'aura rien d'artificiel.
Ainsi que tu le fus, fille pudique et sage,
Une simple croix d'or descend sur son corsage.
Sur sa tête une fleur, la fleur de la saison,
Lorsqu'un bon villageois viendra dans ta maison
Te demander sa main, fier d'avoir pour compagne
Celle qu'on appelait la fleur de la campagne.

Exemple encourageant pour sa plus jeune sœur
Qui sera près de toi son digne successeur !
Elle voudra t'aider dans les soins du ménage.
Quinze à seize printemps composent tout son âge :
C'est une femme faite et qui pourrait en tout
Te suppléer absente et par zèle et par goût.
Elle sait comme toi, sans beaucoup de dépense,
Préparer le repas, meilleur qu'on ne le pense,
Composé des produits du jardin potager,
De la chair du saloir et des fruits du verger.
Elle sait comme toi presser un gras fromage,
Changer en beurre d'or la crème du laitage ;
Et pour accompagner tous ces aliments sains,
Le pain de la famille est pétri de ses mains.

Les comices ruraux vont, sous les toits rustiques,
Chercher pour les primer les vertus domestiques :

Combien dans cette enquête échappent au regard,
Que le Ciel récompense en secret tôt ou tard!

Un petit orphelin, né dans une chaumière,
Y pleurait délaissé. — La plus proche fermière
Entend ses cris aigus; — elle saisit l'enfant,
Le porte à son mari; — puis d'un ton triomphant :
« Nous n'avions point de fils, dit-elle; Dieu nous donne
» Aujourd'hui celui-ci. Puisque le ciel l'ordonne,
» Qu'il soit le bienvenu, cet enfant est à nous ! »
Elle dit. — Son mari le prend sur ses genoux,
Lui donne une caresse, — et l'enfant de sourire,
De leur tendre les bras, et de sembler leur dire :
« Oh! merci, braves gens, je vous aimerai bien!
» Je veux être à mon tour plus tard votre soutien ! »

L'orphelin a grandi sous ces heureux auspices.
Grâce à son naturel, grâce à leurs soins propices,
Sa raison a mûri comme l'épi naissant
Se dore sous les feux d'un soleil caressant.
Il aspire à ce jour où, plus fort, plus agile,
Il va pouvoir aussi fendre la dure argile,
Traîner les lourds râteaux, niveler le terrain
Et le rendre plus propre à recevoir le grain,
Dompter le taureau fier et le poulain superbe,
Sans mot injurieux, sans traitement acerbe,
Abattre les moissons du tranchant de la faux,
Et dépouiller les prés de leurs trésors nouveaux.

Mais le temps a marché, le temps qui va si vite ;
De rester inactif son courage s'irrite ;
Il demande à grands cris les armes de Cérès,
Un simple soc d'abord, une Dombasle après.
Il ne craint bientôt plus de rival au village ;
Nul ne sait mieux que lui conduire un attelage,
Alimenter ses bœufs, engraisser le bétail,
De la ferme en un mot comprendre le détail.

Deux fois douze moissons ont enrichi la plaine ;
Aujourd'hui l'orphelin est le chef du domaine.
Comme dans leur printemps en leur automne unis,
Nos époux laboureurs, que le Ciel a bénis,
Peuvent se reposer sur leur jeune famille.
A leur fils adoptif ils ont donné leur fille :
Le passé répondait pour lui de l'avenir.

L'homme de son enfance aime le souvenir :
C'est une vérité (témoin notre contrée)
Qui dans les champs surtout s'est toujours rencontrée.
Braves cultivateurs, d'où viennent, dites-nous,
Toutes les qualités qu'on admire chez vous ?
Ce franc attachement à la foi de vos pères
Et dans les jours d'épreuve et dans les jours prospères ?
Cette horreur du mensonge et de l'improbité
Qui fait qu'on s'en rapporte à votre loyauté ?
Cette ardeur au travail, ce zèle, ce courage
Que chaque jour vous voit apporter à l'ouvrage ?

Ces goûts simples et purs, ces désirs modérés
Aisément satisfaits et jamais altérés?
Cette sobriété, ces coutumes frugales,
Cet amour du foyer, ces mœurs patriarcales,
Qu'on ne retrouve, hélas! puissé-je être en erreur!
Plus guères aujourd'hui que chez le laboureur?
Assouplie et modeste, une enfance admirable
Vous avait préparé cette vie honorable,
Cette estime de soi, trésor intelligent
Plus précieux cent fois que l'or et que l'argent.

On voit dans les cités sévir en ennemie
La fièvre de l'argent, funeste épidémie
Qui, rappelant de Law les déplorables jours,
Semble ne vouloir point interrompre son cours.
Mêlés aux noms obscurs les noms les plus célèbres
Figurent tous les mois sur les listes funèbres.
La mort le plus souvent, toujours le déshonneur,
Suivent fatalement le rêve du bonheur,
Rêve né du délire, image mensongère
Que la force du mal incessamment suggère,
Et qui ne disparaît qu'au suprême moment
Où tout remède est nul contre l'égarement.
Spectacle de douleur! Mais celles des victimes
Qui suscitent le plus les regrets unanimes,
Ce sont ces ouvriers, ces pauvres artisans
Qu'un pénible labeur, un labeur de trente ans
Avait mis sous l'abri de l'aisance commune,
Et qui, pour arriver plus tôt à la fortune,

Sont montés à la Bourse, et du perron fatal
Sont tombés.... pour aller mourir à l'hôpital.

Dieu des cultivateurs, Providence rurale,
Mets au cœur de leurs fils ta paisible morale;
Éloigne à jamais d'eux de funestes erreurs!
Qu'ils aiment à porter le nom de laboureurs!
L'Empereur les estime; il fait plus, il les aime;
Le fils de l'Empereur les aimera de même!

LE MÉTIER DES CHAMPS,

UNE ABDICATION RURALE;

LA ST-MARTIN.

IV.

Non loin de Châtillon, sur l'un des deux côteaux
Qui de la Chalaronne emprisonnent les eaux,
L'homme oisif qui, rêveur, lentement se promène,
Arrête son regard sur un ancien domaine,
Autrefois délabré, mais qui, remis à frais,
Semble être le séjour du calme et de la paix.
Je voulus visiter un jour cette demeure :
Le soleil de novembre avait encore une heure

Avant de s'abaisser aux bords de l'horizon.
Je gravis le côteau, j'arrive à la maison.
C'était juste le jour où plus d'un toit champêtre
Voit souvent à regret venir un nouveau maître.
Là, rien n'était changé : c'étaient les mêmes gens
Fêtant la St-Martin comme dans le vieux temps.

Un vieillard aux beaux traits, chevelure de neige,
Tête digne vraiment du pinceau d'un Corrège,
Occupait le haut bout d'un rustique couvert
Dont je dus partager la joie et le dessert.
A ses côtés, son fils et sa vieille compagne ;
Des parents, des amis, bons voisins de campagne,
Assistaient au banquet, touchant dîner d'adieu
Que donnait en ce jour le souverain du lieu.
Une jeune bressanne, épouse de l'année,
Tenant sa fille aux bras, tout nouvellement née,
Prend place, gracieuse, auprès de son mari.
On se tait, à sa bru le vieillard a souri.

« J'ai voulu, leur dit-il d'une voix solennelle,
Vous prendre pour témoins, avant que Dieu m'appelle,
De l'acte spontané que je fais aujourd'hui ;
C'est Dieu qui me l'inspire et je me fie à lui.
On m'a dit que l'histoire a vu souvent des princes
En faveur de leur fils abdiquer leurs provinces :
Je veux les imiter. Ecoute-moi, mon fils,
Et pratique toujours mes paternels avis,

» Je te remets ici le sceptre de la ferme
Que je ne tiendrais plus d'une main assez ferme.
Soixante-douze hivers qui pèsent sur mon corps
En ont paralysé les douloureux ressorts.
Je rends grâces au Ciel : au bout de ma carrière,
S'il m'est doux de porter mes regards en arrière,
Il m'est plus doux encor de voir dans l'avenir
Un bon fils de son père avoir le souvenir,
Continuer son œuvre avec persévérance,
Et répondre en tout point à la belle espérance
Que dès ses jeunes ans il a fait concevoir
En ne sortant jamais des bornes du devoir.
Tu le sais, mon enfant, si notre champ prospère,
C'est que Dieu bénissait les travaux de ton père.
Dieu, que ta mère et moi nous prions tous les jours,
Nous a toujours prêté son évident secours.
Invoque-le de même, et des moissons superbes
Dans tes champs protégés étaleront leurs gerbes :
Une riche vendange ornera tes côteaux
Et l'herbe de tes prés lassera tes râteaux.

» Prier Dieu, c'est beaucoup ; ce n'est point tout encore.
Dieu, qui veut qu'on le prie et qui veut qu'on l'adore,
Ne bénira jamais le colon endormi ;
La paresse est pour lui le plus grand ennemi.
Au premier chant du coq, debout, le corps alerte,
C'est par lui qu'au matin la journée est ouverte,
C'est encore par lui qu'elle est fermée au soir.
Jamais dans la journée on ne le vit s'asseoir :

Mais on le voit partout, actif, infatigable,
Aux champs, aux prés, aux bois, à la grange, à l'étable,
Commander, surveiller et prendre tour à tour
La fourche, le râteau, le timon du labour.

» Mais si le maître doit, tous les jours, sans relâche,
De chaque serviteur suivre de près la tâche,
L'équité veut aussi qu'il n'ordonne à chacun
Que ce qu'il pourra faire en un temps opportun.
Un fardeau trop pesant écrase qui le porte,
Et fait haïr celui qui charge de la sorte.
Il faut nous faire aimer de quiconque nous sert,
Si nous voulons qu'il marche avec nous de concert.
Et pour nous faire aimer ne parlons point en maître,
Mais parlons comme un père, un père qui veut l'être,
Qui reprend sans aigreur et se fait un devoir,
Je dis plus, un plaisir d'enseigner son savoir.

» Il est encor, mon fils, des serviteurs rustiques
Qui veulent des égards et des soins domestiques ;
Veille à ce que chacun ne soit point maltraité ;
Qu'au retour du travail tout soit bien apprêté,
Un fourrage salubre et ration entière,
Et pour se reposer une fraîche litière.
Recommande tes bœufs qui, de la dent du soc,
Mordent profondément et l'argile et le roc,

Tes taureaux qui, d'abord apprentis difficiles,
Deviennent, bien conduits, des ouvriers dociles,
Tes génisses encor, dont le croît annuel
Doublera ton engrais en doublant ton cheptel.

» Ne laisse point chez toi se glisser l'incurie ;
Grenier, cellier, hangar, cour, fenil, écurie,
Tout devra respirer l'ordre et la propreté.
La femme aura son lot dans cette activité.
Que votre surveillance incessamment inspecte !
La maladie afflige une demeure infecte.
Rien ne doit offenser la vue ou l'odorat,
Ni la mare des cours, ni l'auge du verrat,
Ni les eaux de l'évier, ni l'impure vidange,
Ni le purin fétide épanché sur la fange,
Ni les détritus noirs des végétaux flétris,
Ni des animaux morts les immondes débris.
Choisis un lieu propice où ce levain de peste
Soit utile à la ferme au lieu d'être funeste.
Formes-en des composts : c'est le meilleur engrais
Qui puisse féconder les prés et les guérets.

» Je n'aime point à voir errer à l'aventure
Les outils du travail, les *applis* de culture,
La charrette, le char, l'utile tombereau,
Les harnais du cheval et le joug du taureau,

On donnerait en vain pour excuse l'urgence ;
On est toujours puni de cette négligence.
Il faudra remplacer : les injures de l'air
En ont rongé sitôt et le bois et le fer.

» Le dimanche est le jour de repos pour la ferme ;
De la semaine active il limite le terme.
Dieu n'ordonnerait point le respect de ce jour
Qu'il conviendrait encore à l'homme de labour
Pour refaire son corps, ranimer son courage
Et le rendre plus propre à reprendre l'ouvrage.
Ce jour-là, l'attelage est mis sous le hangar,
Et les bœufs du repos auront aussi leur part.
C'est le jour où l'on va, dans la divine école,
Du Dieu de l'Evangile entendre la parole,
Lui demander ses dons et le remercier
De ceux que sa bonté nous fait apprécier ;
C'est le jour où l'on va consulter la science
De ceux qui dans notre art ont de l'expérience ;
C'est le jour où l'on lit ces petits abrégés,
Par une main habile avec soin rédigés,
Qui, pour l'homme des champs d'un usage commode,
D'un labour plus aisé lui démontrent le mode,
Et celui tout récent d'assainir le terrain
En plaçant sous le sol l'artifice du drain.

» Voici venir bientôt l'hiver et son cortége,
La pluie et les brouillards, les frimats et la neige.

Les travaux dans les champs vont être suspendus ;
Mais les jours pour cela ne seront point perdus.
Dans le moindre domaine il est plus d'un ouvrage
Qu'on peut faire en hiver sans en craindre l'outrage :
On menuise, on charpente, on prépare les trains ;
Le fléau dans la grange écossera les grains ;
Le van, le traquenet, le crible aux fines mailles
En chassent la poussière et le fétu des pailles ;
Le maillet et les coins, la scie aux dents d'acier
Diviseront la bûche, aliment du foyer.
Puis dans l'étable à bœufs la joyeuse famille,
Aussitôt que du soir l'étoile claire brille,
Viendra teiller le chanvre, égrener le maïs,
Et conter son histoire aux enfants ébahis.

» Mais garde que l'hiver soit fatal à la ferme,
Et ne permets jamais que chez toi l'on s'enferme
Dans une chambre étroite, autour d'un poêle ardent :
Mieux vaudrait endurer le froid le plus mordant.

» Je m'arrête, mon fils ; ma crainte paternelle
Pour les autres devoirs s'en rapporte à ton zèle.
Il ne me reste plus qu'à prier le Seigneur
De bénir mes enfants, et je le fais de cœur. »

Ainsi parle l'ancien, et sa parole sainte
Dans le cœur de son fils a laissé son empreinte.
J'ai dû la recueillir afin que ses avis
Par d'autres laboureurs puissent être suivis.

ÉPODES.

FÊTE AGRICOLE

A CHATILLON-LES-DOMBES,

LE 15 SEPTEMBRE 1853.

O fortunatos nimiùm sua si bona nôrint
Agricolas!

VIRG., lib. V.

CHANT POUR LE BANQUET.

Heureux l'homme de la campagne,
S'il sait comprendre son bonheur,
Si le calme qui l'accompagne
Est pour lui le suprême honneur !
C'est ce qu'au grand siècle d'Auguste
Chantait le cygne mantouan,
Et sa pensée est encor juste
Au siècle de notre Trajan.

Un champ modeste est son empire,
Un toit rustique, son palais ;
Le sujet jamais n'y conspire,
Le maître n'y tremble jamais.
Sous ce toit d'agreste sculpture
S'il n'a point des meubles de roi,
Les instruments de la culture
En décorent l'humble paroi.

Son front, quand l'aube reposée
Donne sa première lueur,
A chaque goutte de rosée
Mêle une goutte de sueur.
La terre, à sa herse docile,
Le sein profondément ouvert,
Promet une moisson facile
Au sillon qu'il a recouvert.

Et quand la plaine libérale
Lui donne ses fruits à cueillir,
De quelle ivresse générale
Sa famille a dû tressaillir !
Chacun de zèle rivalise,
Armé de la faulx, du râteau :
Avec moins d'ardeur dévalise
Le pirate un riche vaisseau.

Si dans l'arène du comice
Son taureau dispute le prix,
Si la beauté de sa génisse
Arrête le regard surpris,
Et si le fils de sa cavale
Accuse un père noble sang,
Il ne craint plus que l'on ravale
L'humble dignité de son rang.

C'est chez l'homme du labourage
Qu'on trouve la sobriété,
Chez lui qu'on trouve le courage
Qui subjugue l'adversité ;
Sachant que tout grain de poussière
Du Ciel attend une faveur,
C'est chez lui, c'est dans sa prière
Qu'on trouve le plus de ferveur.

Et quand les discordes civiles,
Semblables aux vents déchaînés,
Désunissent au sein des villes
Leurs habitants passionnés,
L'homme des champs, prudent et sage,
Sans vains désirs, sans vains essais,
A la trombe ferme passage
Et n'admet chez lui que la paix.

STANCES

DÉDIÉES AU

COMICE AGRICOLE DE TRÉVOUX,

A L'OCCASION DE SA RÉUNION A TRÉVOUX
LE 1er JUIN 1854.

***

Hommage à Dieu! Puisse au pied de son trône,
Puisse monter l'hymne de notre amour!
Que les échos de la Saône et du Rhône
Prêtent leur voix à l'homme du labour!

I.

C'est Dieu qui donne à la famille humaine,
Ne stipulant que le travail pour prix,
Qui donne à bail le terrestre domaine,
Cheptel, engrais, semences, fruits compris.

Veillant sans cesse aux besoins de la ferme,
A son secours prompt sans cesse à venir,
A ce contrat il n'assigne de terme
Que la limite où le temps doit finir.

II.

Vous, dont le bras dompte et brise la glèbe,
Qui la mouillez de l'eau de votre front,
Vous n'êtes plus cette servile plèbe
A qui l'oisif puisse jeter l'affront.
Au sein de tous, votre honorable caste
A recouvré son légitime rang;
Il vous suffit, et votre plus beau faste,
Ce sont des fils dignes de votre sang.

III.

Oui, soyez fiers de cette humble simplesse;
L'agriculture est un art de bienfaits,
Qui donne au corps la force et la souplesse,
Qui donne au cœur l'innocence et la paix.
Aimez-la bien, aimez-la, cette mère
Qui vous nourrit et qui vous enrichit;
Votre bonheur n'est point une chimère;
Il le devient, si votre amour fléchit.

IV.

Homme des champs, qui jettes ta semence
Dans le sillon préparé de ta main,
Tu te promets une récolte immense,
Crains, ton espoir pourrait devenir vain.
Si Dieu d'abord n'a béni ta charrue,
S'il n'a béni ton labour des guérets,
L'épi mourra sous l'ivraie et la rue :
Va secouer le chêne des forêts.

V.

L'audace humaine à la science unie
Dans nos cités étonne les regards ;
Nous admirons les œuvres du génie,
Nous contemplons les merveilles des arts.
Rentrés aux champs, empressés que nous sommes
De reposer notre esprit accablé :
« Qu'ils sont petits, les ouvrages des hommes,
» Près du bluet, près de l'épi de blé! »

VI.

Lorsque la crainte ou la reconnaissance
Peuplait jadis l'Olympe d'immortels,
L'Agriculture était une puissance
A qui le monde érigeait des autels.

Reine déchue, un Triptolème auguste
A réveillé ses esprits assoupis ;
Vengée enfin d'un abandon injuste,
Elle a repris sa couronne d'épis.

VII.

Que Dieu protége et la Bresse et la Dombes !
Que ses bienfaits en fécondent les champs !
Qu'il en éloigne et la grêle, et les trombes,
Et les fléaux qu'attirent les méchants !
Où la vertu se sera rencontrée,
Semant l'estime et cultivant l'honneur,
Dieu libéral donne à cette contrée
Riche moisson de calme et de bonheur !

LE TRAVAIL,

Cantate dédiée à la *Société fraternelle des Arts et Métiers* de Châtillon.

---

20 NOVEMBRE 1853.

Musique de F. GREGORI DA CORREGGIO, organiste de Notre-Dame de Bourg (Ain).

> Labor omnia vincit
> Improbus.
>   VIRG.

CHŒUR A L'UNISSON.

Gloire au travail ! célébrons ses mérites !
Consacrons-lui l'hommage de nos chants !
Que d'autres voix chantent les Sybarites,
Gloire au travail ! honneur à ses enfants !

SOLO.

En vain la nature marâtre
Lui suscite obstacle et dégoût,
Infatigable, opiniâtre,
Le travail triomphe de tout :
Il la soumet à sa puissance,
Et sous de continus efforts,
Il contraint son obéissance
A lui livrer tous ses trésors.

Sans le travail que serait l'homme?
Un être misérable à voir,
Plus vil que la bête de somme
Assujettie à son pouvoir.
Le gland serait sa nourriture;
Son abri, l'antre du rocher;
La toison fauve, sa vêture;
Le sol humide, son coucher.

Soit qu'il défriche la bruyère,
Soit qu'il édifie un saint lieu,
Le travail, comme la prière,
Élève l'âme jusqu'à Dieu.
A quelque ouvrage qu'il se livre,
Le travail, même aux jours pervers,
Déchiffre un verset du grand livre
Que donne à lire l'univers.

De morale incessante école,
Le travail épure le cœur,
Le réjouit ou le console
Dans le bien-être ou la douleur.
Il en arrache, outre la haine,
Les sentiments bas et jaloux :
Le corps endurci par la peine
Enferme le cœur le plus doux.

Travail comme noblesse oblige ;
Il a comme elle son devoir :
Point de crainte qu'il le néglige
Pour un droit qu'il croirait avoir.
Certain qu'un pouvoir tutélaire
Rend ses moindres vœux superflus,
L'estime, voilà le salaire
Qu'il ambitionne le plus !

Chaque industrie a sa noblesse,
Chaque métier sa dignité,
Qui ne fatigue, qui ne blesse
Que l'oisive malignité.
Les arts sont les fils du génie ;
Il les illustre, il les défend :
Un père jamais ne renie
Même son plus chétif enfant.

Je bois à l'ouvrier modeste !
Je bois au modeste artisan !
Ce toste est pur, mon cœur l'atteste,
Et ce cœur n'est point courtisan.
Que Dieu les protége, les aime
Plus que je ne puis l'en prier :
Dieu, c'est l'architecte suprême !
Dieu, c'est le suprême ouvrier !

ÉPILOGUE

DU

MÉTIER DES CHAMPS.

Fermons, muse des champs, notre petit volume ;
Tu m'as dicté les vers et j'ai tenu la plume.
Peut-être, bien des fois, si j'ai mal entendu,
Le mot, sinon le sens, se trouve mal rendu ;
La faute m'appartient et demande indulgence.
Je sais quelle est du goût la sévère exigence :
Il faut flatter l'oreille et l'esprit à la fois ;
Pour lui la poésie est la langue des rois.
Telle ne doit point être, et c'est là ma pensée,
Du poète des champs la prose cadencée ;
Elle doit rester simple et facile à saisir,
Pour être retenue avec quelque plaisir,

Si le bon laboureur que j'ai pris pour modèle
Juge que de ses mœurs l'esquisse soit fidèle,
S'il s'estime lui-même en se reconnaissant,
Mon travail à ses yeux devient intéressant :
Il le lit une fois, il voudra le relire.
Je n'aurai point le nom des maîtres de la lyre ;
Mais je serai connu des hommes du hameau,
Et je devrai ma gloire à l'humble chalumeau.
Et lorsque dans la tombe il me faudra descendre,
Puisse le laboureur, sur l'urne de ma cendre,
Du fer de l'aiguillon tracer ces simples mots :
« Il nous a bien aimés, Dieu lui donne repos ! »

TABLE.

Bourg, imprimerie DUFOUR.